BEI GRIN MACHT SICH IHR WISSEN BEZAHLT

- Wir veröffentlichen Ihre Hausarbeit, Bachelor- und Masterarbeit

- Ihr eigenes eBook und Buch - weltweit in allen wichtigen Shops

- Verdienen Sie an jedem Verkauf

Jetzt bei www.GRIN.com hochladen und kostenlos publizieren

Bibliografische Information der Deutschen Nationalbibliothek:

Die Deutsche Bibliothek verzeichnet diese Publikation in der Deutschen Nationalbibliografie; detaillierte bibliografische Daten sind im Internet über http://dnb.d-nb.de/ abrufbar.

Dieses Werk sowie alle darin enthaltenen einzelnen Beiträge und Abbildungen sind urheberrechtlich geschützt. Jede Verwertung, die nicht ausdrücklich vom Urheberrechtsschutz zugelassen ist, bedarf der vorherigen Zustimmung des Verlages. Das gilt insbesondere für Vervielfältigungen, Bearbeitungen, Übersetzungen, Mikroverfilmungen, Auswertungen durch Datenbanken und für die Einspeicherung und Verarbeitung in elektronische Systeme. Alle Rechte, auch die des auszugsweisen Nachdrucks, der fotomechanischen Wiedergabe (einschließlich Mikrokopie) sowie der Auswertung durch Datenbanken oder ähnliche Einrichtungen, vorbehalten.

Impressum:

Copyright © 2010 GRIN Verlag, Open Publishing GmbH
Druck und Bindung: Books on Demand GmbH, Norderstedt Germany
ISBN: 9783640640720

Dieses Buch bei GRIN:

http://www.grin.com/de/e-book/150708/zufallsexperimente-mit-dem-zufallsgenerator-kreisel-unterrichtsstunde

Katja Reger

Zufallsexperimente mit dem Zufallsgenerator Kreisel - Unterrichtsstunde in einer dritten Klasse

GRIN - Your knowledge has value

Der GRIN Verlag publiziert seit 1998 wissenschaftliche Arbeiten von Studenten, Hochschullehrern und anderen Akademikern als eBook und gedrucktes Buch. Die Verlagswebsite www.grin.com ist die ideale Plattform zur Veröffentlichung von Hausarbeiten, Abschlussarbeiten, wissenschaftlichen Aufsätzen, Dissertationen und Fachbüchern.

Besuchen Sie uns im Internet:

http://www.grin.com/

http://www.facebook.com/grincom

http://www.twitter.com/grin_com

Landesinstitut für Schulqualität und
Lehrerbildung Sachsen-Anhalt
Staatliches Seminar für Lehrämter Halle
Lehramt an Grundschulen

Entwurf zum Prüfungsunterricht
gemäß Verordnung über die
Zweite Staatsprüfung für Lehrämter im Land Sachsen-Anhalt § 18 (5)

Unterrichtsfach: Mathematik

Thema der Unterrichtsstunde:

Zufallsexperimente mit dem Zufallsgenerator Kreisel

Datum: 23.04.2010

Zeit: 9.00 Uhr bis 9.45 Uhr

Schule: Grundschule S

Klasse: 3b

Katja Reger

Inhaltsverzeichnis

1. SACHANALYSE UND DIDAKTISCHE REDUKTION 3

2. BEDINGUNGSANALYSE 6

3. DIDAKTISCHE ÜBERLEGUNGEN 8

4. LERNZIELE DER STUNDE 10

5. METHODISCHE ENTSCHEIDUNGEN 11

6. VERLAUFSPLANUNG DER UNTERRICHTSSTUNDE 14

7. ANLAGEN 17

7.1. Übersicht über die geplante Unterrichtseinheit 17
7.2. Einordnung der Stunde in die Einheit 18
7.3. Sitzplan 20
7.4. Tafelbild 20
7.5. Lernausgangslage 21
7.6. Materialien 26
7.8. Erwartungshaltung 28

8. QUELLENVERZEICHNIS 30

1. Sachanalyse und Didaktische Reduktion

„Unter Stochastik wird ganz allgemein der durch die Wahrscheinlichkeitsrechnung und Mathematische Statistik sowie deren Anwendungsgebiete gekennzeichnete Wissenschaftsbereich verstanden, der sich mit Zufallserscheinungen befasst (aus dem griech: jemand, der im Vermuten geschickt ist)."[1] Die Stochastik unterteilt sich in drei miteinander vernetzte Hauptgebiete: Kombinatorik, beschreibende Statistik und Wahrscheinlichkeitstheorie. Im Folgenden soll die Wahrscheinlichkeitstheorie näher betrachtet werden.

Die Wahrscheinlichkeitstheorie entschlüsselt den Zufall so weit wie möglich durch mathematisches Denken. Eine der wichtigsten Methoden zum Gewinnen von Daten sind dabei Zufallsexperimente.

Ein **Zufallsexperiment** ist ein realer Vorgang (Versuch), der unter exakt festgelegten Bedingungen stattfindet. Die möglichen Ausgänge (Ergebnisse) des Versuches stehen fest, nicht jedoch, welchen Ausgang der Versuch nimmt. Ein Zufallsexperiment kann unter gleichen Bedingungen beliebig oft wiederholt werden.[2] Beispiele für Zufallsexperimente sind Glücksspiele, wie das Würfeln, das Werfen einer Münze oder das Drehen eines Kreisels.

Def. 1: „Die Menge $\Omega = \{\omega_1, \omega_2, ..., \omega_m\}$ heißt **Ergebnisraum** des Zufallsexperiments, wenn jedem Versuchsausgang höchstens ein Element $\omega_i \in \Omega$ zugeordnet ist. Die Elemente ω_i heißen Ergebnisse des Zufallsexperiments."[3]

Dafür gibt es in der Literatur synonyme Bezeichnungen wie Ergebnismenge und Stichprobenraum.

Der Ergebnisraum ist stets nichtleer, d. h. die Menge Ω enthält wenigstens ein Element. Die Menge Ω kann endlich viele oder unendlich viele Elemente enthalten.[4]

Def. 2: „Jede Teilmenge A eines Ergebnisraumes Ω heißt ein **Ereignis**. Das Ereignis A tritt genau dann ein, wenn ein Ergebnis ω vorliegt, das in A enthalten ist."[5]

---

[1] Kütting, u.a.: Elemtare Stochastik, 2008, S.8
[2] Vgl. Kütting, u.a., 2008, S.30
[3] Feuerpfeil, u.a.: Wahrscheinlichkeitsrechnung und Statistik, 1999, S.13
[4] Vgl. Kütting, u.a., 2008, S.31
[5] ebd. S.25

Die Wahl von A hängt demnach stets vom Interesse des Beobachters ab. Er entscheidet anhand der Gewinnregel, welches die günstigen Ereignisse für ihn sind.
Auch die speziellen Ereignismengen, die leere Menge und die Gesamtmenge lassen sich als Ereignisse interpretieren:
Die leere Menge enthält kein Ergebnis von ω des Ergebnisraumes Ω. Es kann bei keiner Durchführung des Experiments eintreten. Daher wird diese spezielle Ereignismenge **unmögliches Ereignis** genannt.
Enthält Ω jedoch alle möglichen Ergebnisse und tritt bei jeder Durchführung des Experiments ein, wird es **sicheres Ereignis** genannt.
Ereignisse, die nur aus einem Ergebnis ω bestehen, also {ω}, heißen **Elementarereignisse**.
Es können zwei verschiedene Zugangsmodelle zu Zufallsexperimenten unterschieden werden: der geometrische Zugang und der Zugang über die relativen Häufigkeiten.
Beim geometrischen Zugang werden die geometrischen Eigenschaften des Zufallsgenerators betrachtet. Man unterscheidet symmetrische (z.B. Würfel, Münze) und asymmetrische Zufallsgeneratoren (z.B. Reißzwecke, Streichholzschachtel). Bei symmetrischen Zufallsgeneratoren tritt jedes Ereignis mit der gleichen Wahrscheinlichkeit auf. Bei „fairen" Kreiseln (sind in farbige oder mit Zahlen versehene gleichgroße Dreiecke eingeteilt) ist es ähnlich[6]. Die Hypotenusen der Dreiecksflächen bilden dabei die Kanten des Kreisels. Nur wenn alle Kanten und somit auch die Hypotenusen gleich lang sind, ist der Flächeninhalt der Dreiecke gleich groß. Deshalb handelt es sich um einen „fairen" Kreisel. Jedes Elementarereignis hat demnach die gleiche Chance zu fallen. Das entspricht dem klassischen Wahrscheinlichkeitsbegriff nach **Laplace**. Die Wahrscheinlichkeit für jedes der Elementarereignisse ist dann $P = \frac{1}{|\Omega|}$.

Für Ereignisse, die sich aus mehreren Elementarereignissen zusammensetzen, gilt die entsprechend vielfache Wahrscheinlichkeit. Ist A ein Ereignis der Mächtigkeit |A| = m, so ist A die Vereinigung von m Elementarereignissen. Jedes davon hat die Wahrscheinlichkeit $P = \frac{1}{|\Omega|}$. Also ist $P(A) = m \cdot \frac{1}{|\Omega|} = \frac{|A|}{|\Omega|}$.

---

[6] Vgl. Walther, Gerd; u.a. (Hrsg.) 2009, S.151

Für den Kreisel ergibt sich daraus folgende Formel zum Errechnen der Wahrscheinlichkeiten des Ereignisses A:

$$P(A) = \frac{\text{Flächeninhalt der günstigen Dreiecke}}{\text{Flächeninhalt aller Dreiecke des Kreisels}}$$

<u>Der Zugang über die relativen Häufigkeiten</u> ist eine weitere Möglichkeit um herauszufinden mit welcher Wahrscheinlichkeit das Eintreten des Ereignisses zu erwarten ist[7]. Dafür sollen die Begriffe relative und absolute Häufigkeit erst einmal definiert werden:

Die Anzahl n der Ereignisse A, die in einer Stichprobe eines Zufallsexperiments vorkommen, heißt **absolute Häufigkeit $H_n(A)$**.

> Def. 4: „Tritt bei n-maliger Wiederholung desselben Zufallsexperiments ein Ereignis A genau k (A) mal ein, so heißt
>
> $$h_n(A) = \frac{k(A)}{n}$$
>
> die **relative Häufigkeit** des Ereignisses A."[8]

Demnach lässt sich die relative Häufigkeit aus der absoluten Häufigkeit errechnen:

$$h_n(A) = \frac{Hn(A)}{n}$$

Werden die Zufallsexperimente hinreichend häufig wiederholt, nähert sich die relative Häufigkeit der Wahrscheinlichkeit des Ereignisses P(A) an. Das entspricht dem **Gesetz der großen Zahlen**[9].

Bei diesen Überlegungen wird stets von einem „fairen" Kreisel ausgegangen. Es kann jedoch auch zu Beeinflussungen der Gewinnchancen beim Drehen kommen. Mögliche Ursachen hierfür können sein:

- Der Kreisel dreht sich nicht genau um den Mittelpunkt.
- Eine der Dreiecksflächen ist ungleich gegenüber den anderen. (z.B. durch ungenaues Zuschneiden der Kreisel)
- Die Kreiselfläche bildet keinen rechten Winkel zum Drehstab.

---

[7] Vgl. Walther, Gerd; u.a. (Hrsg.) 2009, S.152
[8] ebd. S.33
[9] Vgl. ebd. S.43

Didaktische Reduktion

In der Unterrichtsstunde werden zwei farbig unterschiedlich eingeteilte Kreisel mit einer regelmäßigen sechseckigen Grundfläche benutzt. Es handelt sich um „faire" Kreisel, bei denen jedes Elementarereignis die gleiche Chance hat zu fallen. Die Wahrscheinlichkeiten des günstigen Ereignisses („Gelb gewinnt den Preis!") sind verschieden.

Die Schüler nähern sich den Eintrittswahrscheinlichkeiten der günstigen Ereignisse über den Zugang der relativen Häufigkeiten von Zufallsexperimenten. Dabei müssen sie die Summe der absoluten Häufigkeiten aller Schülerexperimente zahlenmäßig erfassen und in einen Zusammenhang mit der Anzahl aller Wiederholungen bringen. Das Errechnen gezielter Wahrscheinlichkeiten spielt in der Grundschule keine Rolle. Diesen zahlenmäßigen Zusammenhang können die Schüler anhand der Anzahl der günstigen farbigen Flächen optisch gut erkennen. Der Flächeninhalt der Dreiecke soll keine Rolle spielen.

Um die Beeinflussungsfaktoren beim Durchführen der Zufallsexperimente möglichst gering zu halten, arbeiten die Kinder mit fertigen Kreiselvorlagen.

2. Bedingungsanalyse

Die Klasse 3b der Grundschule S in S setzt sich aus zehn Jungen und zehn Mädchen im Alter von 8 bis 10 Jahren zusammen. Nach Piaget befinden sich Kinder in diesem Alter auf der Stufe des konkret-operationalen Denkens. Schüler in diesem Stadium benötigen konkrete Sachhandlungen und Erfahrungen für den Abstraktionsprozess[10]. Ich unterrichte diese Klasse wöchentlich in einer Stunde Englisch und vier Stunden Mathematik, wobei zwei Stunden davon eigenverantwortlicher Unterricht sind. Ich kenne die Klasse bereits seit dem vergangenen Schuljahr. Die Kinder der Klasse sind aufgeweckt und lebhaft, wodurch es auch im Unterrichtsverlauf zu Störungen kommen kann. Schwierigkeiten treten außerdem im pünktlichen Unterrichtsbeginn auf, weil mehrere Schüler immer wieder zu spät erscheinen.

Die Schüler folgen dem Unterrichtsgeschehen aufmerksam, wenn dieses ihren Interessen entspricht. Offene Unterrichtsformen kennen die Schüler, wobei der lehrerzentrierte Unterricht überwiegt. Problematisch sind dabei die Bereitschaft sich auf die gestellten Aufgaben einzulassen, die Ausdauer und der Lösungsoptimismus

---

[10] Vgl. Maras, Rainer; u.a.: Handbuch für die Unterrichtsgestaltung in der Grundschule. 2007, S.201

sowie die allgemeine Klassenlautstärke. Regelmäßig müssen offene Arbeitsphasen aufgrund von Unruhe unterbrochen werden. In den Reflexionsphasen erkennen die Schüler ihre Probleme bereits sehr gut. Sie können dieses Wissen allerdings noch nicht handelnd in die Arbeitsphasen übertragen.

Der Sitzkreis als Methode ist bei den Schülern dieser Klasse sehr beliebt. Aus organisatorischen Gründen findet der Sitzkreis vor der Tafel auf Teppichfliesen statt.

Der Austausch von Informationen untereinander findet bei den Schülern routiniert und thematisch meist fachbezogen statt. Die Partner sind frei wählbar. *xx, xx, xx, xx* und *xx* sind sehr langsam und finden nur schwer einen Partner. *xx, xx* und *xx* hingegen arbeiten gern mit allen Kindern der Klasse zusammen und werden auch bevorzugt als Partner gewählt.

Im arithmetischen Bereich haben alle Schüler eine gute Zahlvorstellung im Zahlenraum bis 1000.

Stochastische Inhalte wurden mit den Kindern bereits im vergangenen Schuljahr behandelt. Die Hauptschwerpunkte waren hierbei das Sammeln und Auswerten von Daten (z.B. zum Schulfrühstück). Die Schüler können sich gut in Tabellen orientieren und Übersichten für gesammelte Daten erstellen (u.a. in Form von Strichlisten).

Zufallsexperimente hingegen wurden vor dieser Unterrichtseinheit noch nie behandelt. Aus diesem Grund habe ich mich für einen Lernausgangstest vor Beginn der Unterrichtseinheit entschieden. Dabei sollen an dieser Stelle nur die für diese Stunde relevanten Fragen berücksichtigt werden[11].

Den Kreisel als Zufallsgenerator hat kein Schüler als bekanntes Glücksspiel benannt. Auf Nachfragen kannten den Kreisel allerdings alle Kinder z.B. vom Kinderfest oder Kindergeburtstag als kleine Preise.

Exemplarisch für die Vorerfahrungen beim Kreisel sollen nun die Kenntnisse beim klassischen Wahrscheinlichkeitsbegriff nach Laplace betrachtet werden.

11 von 20 Schülern wissen, dass man keinen Einfluss auf das Würfelergebnis hat und können dies alltagssprachlich begründen. *xx, xx, xx, xx* und *xx* glauben, dass eine 1 leichter zu würfeln sei, weil die Augenzahl kleiner ist. *xx* glaubt, dass es leichter ist eine 6 zu würfeln und *xx* ist der Meinung, dass die Zahlen 2,3,4 und 5 am häufigsten vorkommen. *xx* und *xx* konnten diese Frage nicht beantworten.

7 von 20 Schülern erkennen, dass eine größere Anzahl günstiger Ereignisse das Eintreten des Ereignisses im Zufallsexperiment wahrscheinlicher macht.

---

[11] Weitere ausgewählte Betrachtungen zum Lernausgangstest befinden sich im Anhang Lernausgangslage.

xx, xx, xx, xx, xx, xx und xx haben bei der Frage, aus welcher Urne man am günstigsten ziehen soll, bereits die richtige Urne gewählt und erkannt, dass die Anzahl der Kugeln relevant ist. Die Begründungen sind umgangssprachlich.

Insgesamt lässt sich sagen, dass *xx, xx* und *xx* bereits gute Vorstellungen in Bezug auf Wahrscheinlichkeiten haben. *xx* hat so gute Vorkenntnisse, dass er immer wieder angibt beim eigentlich gleichwahrscheinlichen Zufallsexperiment dies durch Schummeln beeinflussen zu können[12].

xx, xx, xx, xx, xx und *xx* gaben zum Teil widersprüchliche Antworten. Sie haben noch keine genauen Vorstellungen zum Thema Wahrscheinlichkeit und Zufall aufgebaut. *xx*[13] *und xx* hatten vor der Unterrichtseinheit zum Teil sogar falsche Vorstellungen.

Innerhalb der Unterrichtseinheit wurde bereits an dieses Vorwissen angeknüpft. Die Vorstellungen der Schüler wurden in Bezug auf die stochastischen Begriffe „sicher", „möglich" und „unmöglich" präzisiert. Durch das Zufallsexperiment Münzwurf konnten die Schüler zu Gewinnchancen und die Wahrscheinlichkeiten von Ereignissen bereits praktische Erfahrungen sammeln. In diesem Zusammenhang wurde auch die Methode „Strichliste führen" wiederholt.

Die Unterrichtsstunde findet nach der Frühstückspause um 9 Uhr statt. Während der Frühstückspause findet in der Grundschule S freitags immer die „Spatzensendung" von Fridolin dem Schulspatz über den Schullautsprecher statt. Die Pause ist dadurch laut. Methodisch muss deshalb zu Beginn der Stunde auf Beruhigungsphasen geachtet werden.

3. Didaktische Überlegungen

Mathematiklernen soll für die Schüler persönlich bedeutsam sein. Das Lernen sollte an Vorerfahrungen und an die unmittelbare Lebenswelt der Schüler anknüpfen[14]. Sie sehen, wie Erwachsene Entscheidungen treffen und benutzen umgangssprachliche Redewendungen der Wahrscheinlichkeitsrechnung, z.B. „Heute hat der Wetterbericht angesagt, dass es wahrscheinlich regnet." Außerdem spielen Kinder gerne Spiele, die auf dem Zufallsprinzip beruhen. Genau aus diesen Alltagserfahrungen heraus wird durch das Aufgreifen im Unterricht eine intrinsische Motivation geschaffen. Den Kreisel kennen die Kinder bereits als Spielzeug. Nun sollen sie ihn als Zufalls-

---

[12] Vgl. Lernausgangstest xx
[13] Vgl. Lernausgangstest xx
[14] Vgl. Kultusministerium: Grundsatzband. 2005; S. 12

generator kennen lernen. Aufgrund des spielerisch-experimentellen Zugangs können die Schüler eigene Entdeckungen und Erfahrungen mit stochastischen Fragestellungen machen. Dabei ist es wichtig die Vorerfahrungen der Kinder aufzugreifen, zu vertiefen und weiterzuentwickeln. Stochastik trägt daher zur Erschließung der Umwelt bei. Der Kreisel bietet sich besonders gut als Zufallsgenerator an, weil er geräuscharm und leicht herzustellen ist. Die Eintrittschancen der günstigen Ereignisse können optisch auf einen Blick realisiert und die Wahrscheinlichkeiten somit leicht begründet werden. Das Thema dieser Unterrichtsstunde ist eingebettet in ein Forscherheft[15] mit den Freunden Ben und Anna, die auf dem Rummelplatz sind. Die Rummelsituation ist bei den Schülern sehr beliebt, da sie lernpsychologisch durchweg positiv behaftet ist[16]. Für die Kinder ist es persönlich bedeutsam, ob ein Spiel fair ist und wie man seine Gewinnchancen erhöhen kann. Die Entdecker- und Helferrolle im Forscherheft wirkt ebenfalls motivierend. Die Freude am Mathematikunterricht spielt vor allem für die leistungsschwächeren Schüler eine entscheidende Rolle.

Die Wahrscheinlichkeitsrechnung gehört heute mit unterschiedlichem Umfang und Anspruchsniveau zum Unterrichtsstoff aller Schultypen, denn das vollständige Verstehen des Wahrscheinlichkeitsbegriffs braucht Zeit.

Ziel des Stochastikunterrichts soll es sein, die „Wahrscheinlichkeiten in ihrer Bedeutung zu verstehen, sie also mit mathematischen Mitteln auszudrücken und damit vergleichbar zu machen. Die Kinder erfahren dabei, dass ihr subjektives Empfinden in den Hintergrund tritt."[17] Sie sollen unter anderem erkennen, dass scheinbar unberechenbare Zufälle Gesetzen der Mathematik unterliegen und berechenbar sind. Das ist die Voraussetzung für das Rechnen mit stochastischen Werten in weiterführenden Schulen. In der Grundschule soll hierfür mit einfachen Zufallsexperimenten der Grundstein gelegt werden. Das Ermitteln, Darstellen und Analysieren absoluter Häufigkeiten steht dabei im Mittelpunkt. Nach dem Zufallsexperiment Münzwurf findet in dieser Stunde durch die höhere Anzahl der möglichen Ergebnisse eine qualitative Steigerung statt.

Der Inhalt der Unterrichtsstunde lässt sich zudem mit dem im Fachlehrplan Mathematik enthaltenen inhaltsbezogenen Bereich „Daten, Häufigkeit, Wahrscheinlichkeit" begründen. Die Schüler sollen die Chancen bei einfachen

---
[15] siehe Anhang Materialien
[16] Vgl. Hunscheidt, Diana; u.a. In: Grundschulunterricht Mathematik 02/2008; S.35
[17] Walther, Gerd; u.a. 2008; S. 150

Zufallsexperimenten einschätzen, prüfen und formulieren werden. Die erforderlichen Daten sollen gewonnen, aufbereitet, gedeutet und reflektiert werden. Zudem sollen die Schüler die Begriffe „sicher", „möglich" und „unmöglich" zum Beschreiben stochastische Probleme nutzen[18]. Neben den inhaltsbezogenen werden dabei auch die prozessbezogenen Kompetenzen gefördert. Die Schüler stellen Ideen, Lösungswege und Lösungen sprachlich dar und diskutieren mit anderen darüber. Außerdem müssen sie Vermutungen aufstellen, Begründungen finden sowie Argumente nachvollziehen und prüfen. Das entspricht der prozessbezogenen Kompetenz „Argumentieren und Kommunizieren". Aber auch das „Problemlösen" wird in dieser Stunde weiterentwickelt: inner- und außermathematische Anforderungssituationen werden durch aktives Auseinandersetzen und zunehmend bewusstes Nutzen der mathematischen Kenntnisse, Fertigkeiten und Fähigkeiten bewältigt. Zuletzt wird durch die Behandlung stochastischer Unterrichtsinhalte auch die prozessbezogene Kompetenz „Modellieren" gefördert: problemhaltige Sachverhalte aus dem Alltag werden in die Sprache der Mathematik übersetzt und innermathematisch gelöst[19].

Der Lernzuwachs innerhalb dieser Stunde wird daran deutlich, dass die Schüler die Gewinnchancen von Kreiseln aufgrund der Gewinnregeln feststellen können. Dazu gehört auch, dass sie einen leeren Kreisel je nach Gewinnchance anmalen können.

4. Lernziele der Stunde

Groblernziel: Die Schüler vertiefen ihre stochastischen Vorstellungen, indem sie Zufallsexperimente mit dem Kreisel durchführen und die Gewinnchancen überprüfen.

Feinlernziele:

Die Schüler

(1) stellen Vermutungen zu den Gewinnchancen der beiden Kreisel an.

(2) entnehmen aus Texten die für das Lösen stochastischer Aufgaben erforderlichen Informationen.

(3) lernen den Kreisel als Zufallsgenerator kennen, indem sie Zufallsexperimente durchführen.

(4) gewinnen Daten aus den Zufallsexperimenten mit den Kreiseln mithilfe einer Strichliste.

---

[18] Vgl. Kultusministerium): Lehrplan Grundschule Mathematik. 2007; S. 15
[19] Vgl. ebd. S.7

(5) können aufgrund der Summe aller absoluten Häufigkeiten Rückschlüsse auf die Gewinnchancen der Farbe „gelb" ziehen, indem sie einen Zusammenhang zwischen den Eintrittshäufigkeiten der Farben und der Anzahl der dazugehörigen Fläche auf dem Kreisel erkennen.

(6) stellen ihre Ideen und Lösungen sowie einfache Beschreibungen und Begründungen der Gewinnchancen schriftlich und mündlich dar.

(7) entwickeln Freude am Durchführen des Zufallsexperiments, indem sie sich mit innerer Bereitschaft darauf einlassen.

5. Methodische Entscheidungen

Die Stilleübung zu Beginn der Unterrichtsstunde soll die Schüler entspannen und die Aufmerksamkeit auf den Unterrichtsgegenstand Kreisel lenken.

Im Sitzkreis werden die geometrischen Eigenschaften des Kreisels besprochen. Das ist die Voraussetzung um später die Eintrittswahrscheinlichkeiten einzuschätzen. Außerdem wird gemeinsam zurück zum Thema in das Forscherheft auf dem Rummelplatz geführt um den Start in den neuen Aufgabentyp zu sichern. Dazu wird die Seite 8 im Forscherheft gemeinsam bearbeitet. In der Klasse wird über die Wahl des Kreisels vermutet, mit dem man die bestmöglichen Gewinnchancen („Gelb gewinnt den Preis!") hat. Diese Abstimmung wird auf einem Plakat festgehalten.

Gleichzeitig können im Sitzkreis alle Schüler mit dem Glücksgenerator Kreisel vertraut gemacht werden, indem ein Schüler den Kreisel exemplarisch dreht und gemeinsam das Ergebnis dieses Drehens abgelesen wird. Am Ende der Unterrichtstunde findet als Abschluss ebenfalls ein Sitzkreis statt, indem die neuen Kenntnisse und Erfahrungen genutzt werden sollen. Dabei kann auf die Vermutungen in der Abstimmung zu Beginn der Stunde zurückgegriffen werden. Der Spannungsbogen in der Stunde wird zu einem gemeinsamen Abschluss geführt.

Aufgrund der lernpsychologischen Voraussetzungen führen die Schüler die Zufallsexperimente mit dem Kreisel selbstständig durch. Das entspricht der enaktiven Repräsentationsebene nach Bruner. Innerhalb der Stunde findet dann ein Wechsel der Repräsentationsebenen satt. Das Anmalen der Kreisel stimmt mit der ikonischen Ebene überein. Die Zufallsexperimente werden dabei in Zusammenarbeit mit einem Partner durchgeführt. Dadurch ist der Materialaufwand geringer und es ergibt sich eine Zeitersparnis.

Um eine möglichst große Anzahl an Versuchsdurchführungen zu erhalten und dem „Gesetz der großen Zahlen" zu entsprechen, werden die absoluten Häufigkeiten der Versuchsreihen jeder Partnergruppe an der Tafel notiert. Dem visuellen Lerntyp soll entsprochen werden, indem die Kreisel in ihren Gewinnfarben ebenfalls an der Tafel an der entsprechenden Tabelle des Zufallsexperimentes angebracht sind.

Schüler, die bereits ihre Zufallsexperimente beendet haben, sollen die absoluten Häufigkeiten jedes Ereignisses addieren beziehungsweise die Gesamtanzahl der Wiederholungen der Zufallsexperimente rechnerisch ermitteln.

Anhand dieser Summen sollen die Schüler Auffälligkeiten erkennen. Dabei sind verschiedene Lösungen denkbar[20] und alle werden gewürdigt.

Um den kommunikativen Austausch zwischen den Schülern zu ermöglichen, sollen sie ihre Auffälligkeiten zwei weiteren Schülern erklären. Dieser Austausch wird voraussichtlich eher umgangssprachlich stattfinden, weil die Kinder im Bereich der Stochastik gerade die ersten Erfahrungen machen.

Falls die relativen Häufigkeiten der Ereignisse insgesamt nicht dem „Gesetz der großen Zahlen" entsprechen, werde ich an dieser Stelle gemeinsam mit den Schülern Ursachen dafür finden[21]. Hier können die Schüler ihre Erfahrungen beim Experimentieren einbringen. Die abweichenden absoluten Häufigkeiten würde ich durch farbiges Umkreisen der Zahlen an der Tafel kennzeichnen. Um sicherzustellen, dass sich jedes Kind nun begründet über die Wahl des Kreisels nach dessen Gewinnchance äußern kann, müssen die gefundenen Auffälligkeiten der Kinder zu den absoluten Häufigkeiten in Bezug auf die Anzahl der Wiederholungen betrachtet werden (relative Häufigkeiten). Durch Impulsfragen wie „Überlege, warum sind die Zahlen größer/kleiner? Schaut euch den Kreisel genauer an." sollen die Schüler erkennen, dass die Gewinnchancen von der Anzahl der günstigen Flächen abhängig sind. Bevor sie dies schriftlich begründen, haben die Schüler erneut die Möglichkeit ihre Überlegungen auszutauschen.

Falls sich durch die Vermutungen zeitliche Verzögerungen ergeben, würde ich die Stunde im Sitzkreis dadurch beenden, dass einige Schüler ihre Lösungen für Anna und Ben den anderen Kindern vorstellen und begründen. Dabei wird auch noch einmal Bezug auf die Klassenabstimmung vom Beginn der Stunde genommen. Dadurch wird auch den Schülern ihr Lernzuwachs deutlich.

---

[20] siehe Erwartungshorizont
[21] Vgl. Sachanalyse

Falko könnte die Gewinnchancen vermutlich gleich zu Beginn der Stunde mithilfe der Anzahl der Flächen erklären und begründen. Um den Schülern trotzdem einen Anreiz zum spielerischen Experimentieren zu geben, würden Falkos Vermutungen überprüft werden.

Falls noch genügend Zeit vorhanden ist, würden die Schüler Gewinnchancen an anderen Kreiseln einschätzen und Vermutungen darüber anstellen.

Innerhalb dieser Stunde findet eine natürliche Differenzierung statt, indem die Schüler sich untereinander Auffälligkeiten und Gewinnchancen erklären und diese begründen. Dabei übernimmt ein Kind mehr die erklärende Rolle als ein anderes, was die zuhörende Rolle einnimmt und somit den Unterrichtsinhalt ebenfalls nachvollzieht.

6. Verlaufsplanung der Unterrichtsstunde

Thema der Stunde: Glückskreisel

Zeit	Phasen	Lehrerverhalten	Erwartetes Schülerverhalten	AF/ SF	Medien
9.00	Einstieg Einstimmung	Begrüßung der Anwesenden; Stilleübung (Kopf wird entspannt auf die Arme gelegt. In die nach vorn gestreckten Hände wird ein Gegenstand gelegt. Dann darf man „erwachen".)	S. entspannen sich, fühlen den Gegenstand (Kreisel) und geben ihn weiter	LV/F	Kreisel von Anna und Ben
		LAA: „Bildet einen Sitzkreis."	S. bilden einen Sitzkreis		
		LAA: „Während der Stilleübung habt ihr den Kreisel gefühlt. Beschreibe die Form des Kreisels."	S. erkennen, dass der Kreisel ein regelmäßiges Sechseck ist.		
		LAA: „Erinnert euch: wir wollen Ben und Anna an die Kreiselbude begleiten. Nehmt euch bitte ein Blatt für euer Forscherheft aus der Mitte des Kreises." LAA fordert ein Kind auf, vorzulesen.	S. nehmen sich S 8 des Forscherheftes; ein S. liest Situation von S.8 aus dem Forscherheft vor; alle anderen lesen mit		Forscherheft S 8
		LAA fordert einen S. auf einen der beiden Kreisel zu drehen und das Ergebnis zu nennen Setzt euch wieder auf euren Platz. Formuliert eure Vermutung zu den Gewinnchancen der Kreisel schriftlich.	ein S. dreht einen Kreisel und nennt das Ergebnis S. entscheiden sich für einen Kreisel und begründen die Wahl schriftlich	UG/F	Kreisel von Ben und Anna
	ZA/DS	LAA notiert die Vermutungen zu den Gewinnchancen der Kreisel auf einem Plakat.			Plakat
		LAA: „Wir wollen heute herausfinden, welcher Kreisel die größten Gewinnchancen hat. Deswegen wollen wir mit			

14

9.10	Hinführung	den Kreiseln ein Zufallsexperiment durchführen. Später werten wir es aus um die Gewinnchancen einzuschätzen."	S. suchen sich einen Partner	LV/F	Federmappe, Forscherheft
		LAA: „Um Anna und Ben zu helfen, braucht ihr einen Partner. Suche dir einen Partner, mit dem du leise und zügig arbeiten kannst. Nimm deine Federmappe und dein Forscherheft mit zu deinem Partner."			
9.15	Erarbeitung	LAA teilt Forscherheft S 9 aus; LAA fordert S. in Partnerarbeit auf, die Aufgabenstellung zu lesen.	S. lesen Aufgabenstellung und holen sich selbstständig die entsprechenden Kreisel um das Zufallsexperiment durchführen zu können.	LV/F	Forscherheft S 9
		LAA beobachtet die S. und gibt individuelle Hilfestellungen	S. führen Zufallsexperiment durch	SSA/PA	
9.25	Vertiefung	LAA fordert Partnergruppen auf, ihre Ergebnisse in die Tabelle an der Tafel einzutragen	S. tragen die Ergebnisse ihrer Zufallsexperimente in die Tabelle an der Tafel ein	SSA/EA	Tafel
		LAA vervollständigt die Tabelle (absolute Häufigkeiten der einzelnen Ereignisse werden addiert)	die S., die ihr Zufallsexperiment beendet haben, errechnen die Summe der absoluten Häufigkeiten		Tafelbild
		LAA: „Sieh dir nun die Anzahlen der Ergebnisse der einzelnen Kreisel ar.. Erkläre, was dir auffällt. Schreibe es in die Zeilen deines Forscherheftes."	S. finden Auffälligkeiten an absoluten Häufigkeiten der Ereignisse und notieren diese	SSA/EA	
		LAA: „Gehe zu zwei anderen Kindern und erkläre ihnen, was dir aufgefallen ist."	S. erklären sich gegenseitig gefundenen Auffälligkeiten;	SSA/PA	
		hier eventuell Alternative einplanen			
		LAA: „Überlege, warum ist die Zahl kleiner als diese? (LAA deutet auf die Summe der absoluten Häufigkeiten	S. entdecken, dass die Gewinnchancen von der Anzahl	LV/F	

15

Zeit	Phase	Unterrichtsgeschehen	Sozialform	Medien
		des Ereignisses „gelb gewinnt" von Anna und Ben) Schau dir den Kreisel noch einmal ganz genau an."		
		LAA teilt S 10 des Forscherheftes aus		Forscherheft S 10
		LAA: „Anna und Ben haben noch ein paar Fragen an euch. Ihr habt die Kreisel selbst getestet. Die Ergebnisse unserer Zufallsexperimente stehen an der Tafel. Besprich dich mit deinem Partner um Anna und Ben zu helfen."	SSA/PA	
		der günstigen Felder abhängig ist		
		S. begründen, mit welchem Kreisel die Gewinnchance höher ist		
		S. verstehen die stochastischen Begriffe und färben den Kreisel entsprechend der vorgegebenen Gewinnchancen ein		
9.35	Ergebnissicherung	LAA lässt Sitzkreis bilden		
		LAA nimmt Bezug auf Plakat, auf dem die Schüler den Kreisel mit den vermeintlich höheren Gewinnchancen auswählen sollten	UG/F	Forscherheft S10
		Alternative didaktische Reserve:		
		LAA legt verschiedene Kreisel in die Mitte LAA nennt Gewinnregeln und fordert S. auf, den Kreisel herauszusuchen, der die besten Gewinnchancen hat.		verschiedene Kreisel und Gewinnregeln
		S. bilden einen Sitzkreis		
		S. zeigen und benennen die Farben ihrer Kreisellösungen und begründen die Farbauswahl		
		S. begründen die Wahl des Kreisels mit der größten Gewinnchance		
		LAA bedankt sich für die Hilfe für Anna und Ben und gibt Aussicht auf die nächste Stunde, wo sie zu Bens Losbude gehen werden		
9.45	Pause			

Abkürzungen:

LAA – Lehramtsanwärter SSA – selbstständige Schülerarbeit EA – Einzelarbeit
S. – Schüler UG – Unterrichtsgespräch PA – Partnerarbeit
S – Seite (im Forscherheft) ZA – Zielangabe
 F – Frontal
 LV – Lehrervortrag
 DS – Didaktische Struktur

7. Anlagen

7.1. Übersicht über die geplante Unterrichtseinheit

Thema der Einheit:
Anna und Ben auf dem Rummel – dem Zufall auf der Spur
Groblernziel der Einheit:
Die Schüler schätzen die Wahrscheinlichkeiten einfacher Zufallsexperimente ein, überprüfen und formulieren diese.
Zentraler inhaltsbezogener Kompetenzbereich Daten, Häufigkeit und Wahrscheinlichkeit
- erforderliche Daten in einfachen Zufallsexperimenten gewinnen und in Strichlisten darstellen
- aus Zufallsexperimenten gewonnene Daten deuten und reflektieren
- Gewinnchancen einfacher Zufallsexperimente einschätzen, prüfen und formulieren

Affektive Kompetenz:
- Freude haben am Durchführen der Zufallsexperimente und Sammeln der Daten

Prozessbezogene Kompetenzen:
Kommunizieren und Argumentieren:
- sich zu mathematischen Sachverhalten alltagssprachlich unter Einbeziehung mathematischer Begriffe und Formulierungen austauschen
- aus Texten und anderen Darstellungen die für das Lösen mathematischer Aufgaben erforderlichen Informationen entnehmen
- Äußerungen zu mathematischen Sachverhalten folgen, diese nachvollziehen, einschätzen und hinterfragen
- Ideen und Lösungswege sprachlich darstellen und mit anderen darüber diskutieren

Problemlösen:
- inner- und außermathematische Anforderungssituationen aus dem Vorstellungsbereich durch aktives Auseinandersetzen und zunehmend bewusstes Nutzen der mathematischen Kenntnisse, Fähigkeiten und Fertigkeiten bewältigen

- mit Interesse, Ausdauer und Lösungsoptimismus an die Bearbeitung des Problems herangehen
- geeignete Veranschaulichungsmöglichkeiten nutzen
- Lösungsprozesse kritisch verfolgen, aus Fehlern und Irrtümern Schlussfolgerungen ziehen
- Lösungen auf Plausibilität überprüfen

Modellieren:
- in problemhaltigen Sachverhalten aus dem Vorstellungsbereich mathematische Zusammenhänge entdecken
- Sachprobleme in die Sprache der Mathematik übersetzen und innermathematisch lösen
- die Sinnhaftigkeit der mathematischen Lösung in Bezug auf den Kontext auch unter Einbeziehung eigener Erfahrungen kritisch hinterfragen

Flexibel anwendbares Grundwissen:
Wahrscheinlichkeit: sicher, möglich, unmöglich; Häufigkeit

7.2. Einordnung der Stunde in die Einheit

Stunde	Thema	Ziel	Inhalte
1	Alles ist möglich?!	Die Schüler lernen die mathematischen Begriffe „sicher", „möglich", „unmöglich" kennen.	- anhand nicht mathematischer Behauptungen werden Begriffe zugeordnet und geklärt - anhand mathematischer Behauptungen (arithmetisch, geometrisch) werden Begriffe zugeordnet - Verdeutlichung der Begriffsbedeutung durch Visualisierung anhand einer Wahrscheinlichkeitsskala[22] - Was ist Zufall? Was ist Glück? → Begriffsbestimmung - Einführung in die Arbeit mit dem Forscherheft (Paket von Ben und Anna, die um Hilfe bitten)
2	Münzwurf	Die Schüler führen Zufallsexperimente mit einer *Münze* durch.	- Problem im Forscherheft: Ben und Anna streiten sich → Entscheidung per Münzwurf; - Daten der Strichlisten sammeln und auswerten → Bezug zu Ausgangsfrage: Fairness

---
[22] Vgl. Walther, Gerd, u.a. (Hrsg.) 2009, S. 155

			- einschätzen und anhand der Gewinnchancen begründen; Balkendiagramm zur Visualisierung der Daten - Weitere Zufallsexperimente, um herauszufinden, ob die Art der Münze entscheidend ist für die Gewinnchancen
3	Glücks-kreisel	Die Schüler vertiefen ihre stochastischen Vorstellungen, indem sie Zufallsexperimente mit dem Kreisel durchführen und die Gewinnchancen überprüfen.	- Ben und Anna am Kreiselstand: Kennenlernen der Kreisel als Zufallsgenerator - Durchführen der Zufallsexperimente; Vertiefen der Arbeit mit Strichlisten zu Häufigkeiten - Daten der Strichlisten sammeln und auswerten - Erkennen des Zusammenhangs zwischen den Eintrittshäufigkeiten der Farben und der Anzahl der Farben auf dem Kreisel
4	Losbude	Die Schüler führen Zufallsexperimente mit einem Urnenmodell nach dem Prinzip „Ziehen ohne Zurücklegen" durch.	- Ben und Anna an der Losbude: Kennenlernen der Urne als Zufallsgenerator - Ziehen ohne Zurücklegen (Gewinnlose als günstige und Nieten als ungünstige Elemente) - Mithilfe der stochastischen Begriffe wird die Gewinnchance eingeschätzt - Übertragung des Problems auf weitere Urnenaufgaben mit Bonbons
5/6	Zu Besuch auf dem Jahrmarkt	Die Schüler wenden ihre Kenntnisse in verschiedenen Zufallsexperimenten an.	Münze: • Einschätzen der Gewinnchancen nach mehrmaligen Münzwurf Kreisel: • Erzeugen eigener Kreiselmotive nach vorgegebenen Gewinnchancen (Farben und Zahlen) • Unterscheidung von fairen und unfairen Kreiselspielen; Finden eigener Spielregeln für ein Kreiselspiel Urne: • nach bestimmten Kugelzusammensetzungen und

			Gewinnregeln entscheiden und mithilfe stochastischer Begriffe begründen aus welchen Beutel gezogen werden soll • Ziehen von verschiedenfarbigen in unterschiedlicher Anzahl vorhandenen Kugeln aus einem Beutel mit Zurücklegen → Schüler vermuten und begründen die Zusammensetzung der Kugeln im Beutel
7	Lernziel- kontrolle		

7.3. Sitzplan

Lehrertisch

7.4. Tafelbild

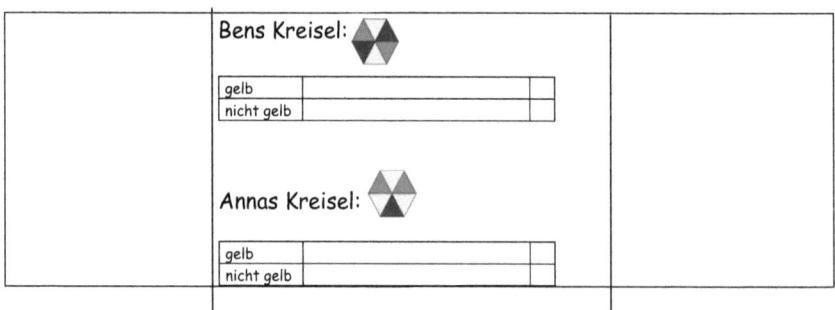

7.5. Lernausgangslage

Lernausgangstest xx:

Was weißt du schon zum Thema *Wahrscheinlichkeit*?

1. **Was ist Zufall?**
   Wenn man an was glaubt und es wird auf einmal war.

2. **In Spielen wie „Mensch-ärgere-dich-nicht!" spielt das Glück eine große Rolle. Oft muss man sehr lange darauf warten, bis man endlich eine 6 bekommt. Kennst du andere Spiele, bei denen das Glück eine Rolle spielt?**
   Ja ich kenne das Spiel mit dem Würfel und dem Becher wo man schutteln muss und da hat man meistens

3. **Von „Mensch-ärgere-dich-nicht!" weißt du sicherlich auch, wie schwer es ist eine 6 zu würfeln. Ist es einfacher, eine 1 oder eine 6 zu würfeln? Begründe deine Antwort!**
   Nein es ist nicht einfach eine 1 oder 6 zu würfel weil immer ein 2, 3, 4 und 5 kommen.

4. **Gibt es einen Trick, wie man schneller eine 6 würfeln kann?**
   - [x] Ja, es gibt einen Trick. Man muss dem Würfel vorher nur gut zureden und ganz fest daran glauben!
   - [ ] Ja, es gibt einen Trick. Nämlich:_____
   - [ ] Nein, es gibt keinen Trick. Man kann das Würfelergebnis vorher nicht beeinflussen.

5. **Die 1 bekommt man beim Würfeln ganz schlecht. Da muss man viel länger darauf warten als auf die 3, 4 oder 5. Stimmt das?**
   - [x] Ja, natürlich stimmt das.
   - [ ] Nein, das stimmt nicht. Man bekommt die 1 eher als eine 3, 4 oder 5.
   - [ ] Man bekommt alle Zahlen gleich gut.

6. **Zwei Fußballmannschaften werfen eine Münze, um zu entscheiden, welche Mannschaft auf welcher Platzseite beginnt. Ist dieses Verfahren fair? Begründe!**
   Ja es ist fair nähmlich da kann man die beste Mannschaft auswählen.

7. „Wer die weiße Kugel zieht, gewinnt!". Aus welcher Schachtel würdest du ziehen? Du darfst nur einmal ziehen und deine Augen sind dabei verbunden. Begründe deine Wahl.

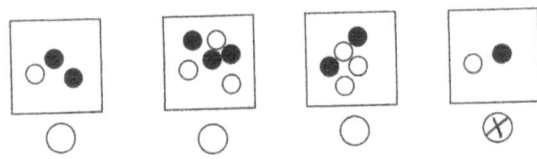

Das 4 Feld würde ich nehmen weil da nur eine schwarze und weiße Kugeln sind.

8. Hast du diese Wörter schon einmal gehört? Verbinde, was deiner Meinung nach zusammen passt.

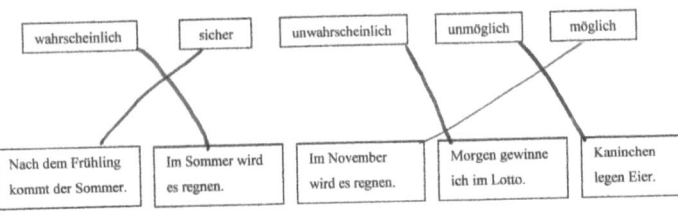

Lernausgangstest xx:

Was weißt du schon zum Thema *Wahrscheinlichkeit*?

1. **Was ist Zufall?**
   Wenn etwas passiert was nicht geplant war.

2. **In Spielen wie „*Mensch-ärgere-dich-nicht!*" spielt das Glück eine große Rolle. Oft muss man sehr lange darauf warten, bis man endlich eine 6 bekommt. Kennst du andere Spiele, bei denen das Glück eine Rolle spielt?**
   Uno

3. **Von „*Mensch-ärgere-dich-nicht!*" weißt du sicherlich auch, wie schwer es ist eine 6 zu würfeln. Ist es einfacher, eine 1 oder eine 6 zu würfeln? Begründe deine Antwort!**
   Beide sind gleich schwer zu würfeln.

4. **Gibt es einen Trick, wie man schneller eine 6 würfeln kann?**
   ☐ Ja, es gibt einen Trick. Man muss dem Würfel vorher nur gut zureden und ganz fest daran glauben!
   ☒ Ja, es gibt einen Trick. Nämlich: Schummeln
   ☒ Nein, es gibt keinen Trick. Man kann das Würfelergebnis vorher nicht beeinflussen.

5. **Die 1 bekommt man beim Würfeln ganz schlecht. Da muss man viel länger darauf warten als auf die 3, 4 oder 5. Stimmt das?**
   ☐ Ja, natürlich stimmt das.
   ☐ Nein, das stimmt nicht. Man bekommt die 1 eher als eine 3, 4 oder 5.
   ☒ Man bekommt alle Zahlen gleich gut.

6. **Zwei Fußballmannschaften werfen eine Münze, um zu entscheiden, welche Mannschaft auf welcher Platzseite beginnt. Ist dieses Verfahren fair? Begründe!**
   Nein, es ist nicht fair weil, wenn man weiß wie oft sie sich dreht kann man sie so hin legen / das man gewinnt.

7. „Wer die weiße Kugel zieht, gewinnt!". Aus welcher Schachtel würdest du ziehen? Du darfst nur einmal ziehen und deine Augen sind dabei verbunden. Begründe deine Wahl.

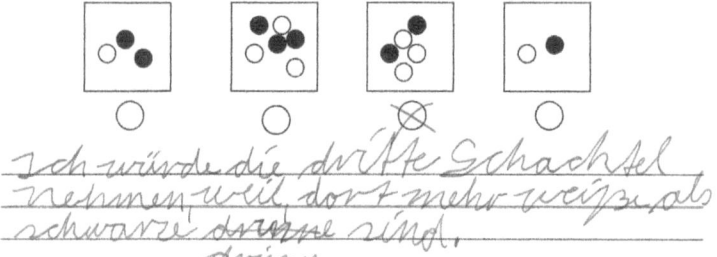

Ich würde die dritte Schachtel nehmen, weil dort mehr weiße als schwarze drinne sind.

8. Hast du diese Wörter schon einmal gehört? Verbinde, was deiner Meinung nach zusammen passt.

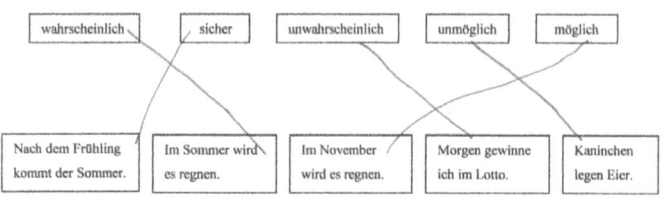

Weitere Betrachtungen zur Lernausgangslage:

16 von 20 Schülern haben eine Vorstellung davon, was Zufall ist. Die Vorstellungen von xx, xx und xx sind noch sehr vage. xx beispielsweise meint Zufall ist, „wenn man eine schlechte Note bekommen hat und eigentlich eine 2 hätte." Neben xx, xx, xx und xx, die diese Frage nicht beantwortet haben, haben sie noch keine gefestigten Vorstellungen.

xx hingegen definiert Zufall als „Glück haben". xx beschreibt Zufall als „etwas, von dem man noch nicht weiß, dass es passiert". Diese Beschreibungen zeigen bereits gute Vorstellungen.

14 von 20 Schülern kennen bereits weitere Glücksspiele. Genannt werden vor allem Kartenspiele wie Uno, Maumau, Knack und Rommee. Würfelspiele, z.B. Monopoly oder Kniffel werden neben Losen und Lotto ebenfalls genannt. xx, xx und xx haben Strategiespiele wie Mühle und Schach als typische Glücksspiele angegeben. xx, xx und xx haben keine weiteren Glücksspiele genannt. Das verdeutlicht wiederum die geringen Vorerfahrungen der Schüler.

7.6. Materialien

Forscherheft

Bastelanleitung Kreisel:

Material:
- Kartonpapier
- Drucker
- Laminiergerät mit Laminierfolien
- Stecknadel
- spitze Schere
- Kaminstreichhölzer

Die Kreisel werden auf das Kartonpapier gedruckt und anschließend wie gewohnt laminiert. Nach dem Ausschneiden wird im Mittelpunkt mit der Stecknadel ein Loch gestochen. Dieses Loch wird mit der Spitze der Schere erweitert. Das Kaminstreichholz wird nun mit dem Zündkopf nach unten durch das Loch gesteckt.

Vorlagen Kreisel der Kinder:

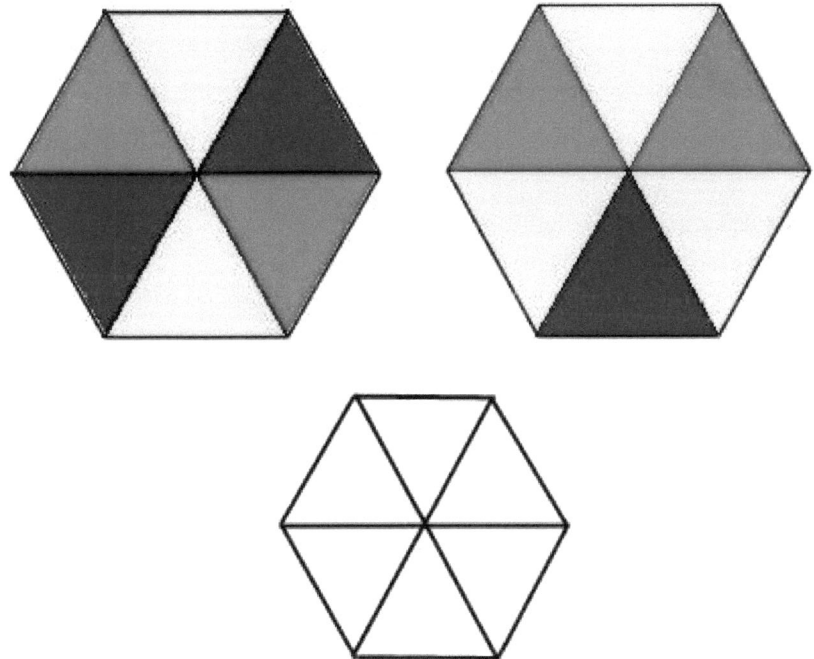

7.8. Erwartungshaltung

Wenn jede Gruppe (10 Zweiergruppen) jeden Kreisel jeweils 40-mal dreht, würde das Zufallsexperiment zu Bens Kreisel 400-mal wiederholt und das Zufallsexperiment zu Annas Kreisel ebenfalls.

Im Idealfall müssten durch die Zufallsexperimente folgende Ergebnisse in der Tabelle an der Tafel erscheinen:

Für <u>Bens Kreisel</u> gilt: P(gelb) = 1/3. Demzufolge ergeben sich folgende Zahlen für die absolute Häufigkeit:

	gelb	nicht gelb
Summe der absoluten Häufigkeiten der einzelnen Zufallsexperimente in den Zweiergruppen	1/3 · 400 = 133	400 − 133 = 267

Für <u>Annas Kreisel</u> gilt: P(gelb) = ½. Demzufolge ergeben sich folgende Zahlen für die absolute Häufigkeit:

	gelb	nicht gelb
Summe der absoluten Häufigkeiten der einzelnen Zufallsexperimente in den Zweiergruppen	1/2 · 400 = 200	400 − 200 = 200

<u>Nun sollen die möglichen Ideen und Lösungen der Schüler vorgestellt werden:</u>

Hinweis: Alle *kursiv* geschriebenen Antworten entsprechen der fachwissenschaftlichen Sprache.

Forscherheft S. 9:

Was fällt dir an den Ergebnissen auf?

Mir fällt auf, dass...

- die Gewinnzahlen bei Ben kleiner sind als bei Anna *{die Summe der absoluten Häufigkeiten vom Ereignis „gelb gewinnt" ist bei Ben kleiner als bei Anna}* → *die Gewinnchancen vom Ereignis „Gelb gewinnt" von Bens Kreisel sind also geringer*
- bei Ben die Zahl bei „nicht gelb" größer ist *{die Summe der absoluten Häufigkeiten vom Ereignis „nicht gelb" ist größer als vom Ereignis „gelb gewinnt"}* → *die Chance, dass Ben mit seinem Kreisel gewinnt, ist geringer als die Chance zu verlieren*

- bei Anna sind die Zahlen bei „gelb" und „nicht gelb" ungefähr gleich groß *{die Summen der absoluten Häufigkeiten der Ereignisse „gelb" und „nicht gelb" sind annähernd gleich}* → *die Chance, dass Anna mit dem Kreisel gewinnt ist genauso groß wie die Chance zu verlieren*

<u>Forscherheft S. 10:</u>
Mit welchem Kreisel hat man eine größere Chance zu gewinnen? Begründe.
Mit Annas Kreisel hat man eine größere Chance zu gewinnen, weil gelb häufiger gedreht werden kann. Bei Anna gibt es nämlich 3 gelbe Flächen und bei Ben nur 2 gelbe Flächen.

Wie müsste ein Kreisel aussehen, mit dem man SICHER gewinnt? Dir stehen folgende Farben zur Verfügung: rot, blau, gelb. Male aus.

(Es gibt nur eine Lösung: der Kreisel ist komplett gelb ausgemalt.)

Wie müsste ein Kreisel aussehen, mit dem man UNMÖGLICH gewinnt? Dir stehen auch hier die Farben rot, blau und gelb zur Verfügung. Male aus.

(Es gibt viele verschiedene Lösungen, aber der Kreisel darf NICHT die Farbe gelb enthalten.)

8. Quellenverzeichnis

Bardy, Peter; Hartmann, Brita: Elemente der Kombinatorik und Stochastik – Skript zur Vorlesung an der Martin-Luther-Universität Halle-Wittenberg

Bettner, Marco; Dingens, Erik: Stochastik in der Grundschule. Kombinieren, schätzen, Daten verfassen und auswerten. 3. Auflage, Persen Verlag, Buxtehude, 2009

Feuerpfeil, Jürgen; Heigl, Franz: Wahrscheinlichkeitsrechnung und Statistik N Leistungskurs. 2. Auflage, Bayerischer Schulbuchverlag, München, 1999

Grundschulunterricht Mathematik: Daten - Zufall und Wahrscheinlichkeit – Kombinatorik. Oldenbourg Verlag, Berlin, 2008

Kelnberger, Marianne: Gewusst wie! Stochastik in der Grundschule. 3./4. Jahrgangsstufe. Pb Verlag, Puchheim, 2009

Kultusministerium des Landes Sachsen-Anhalt (Hrsg.): Lehrplan Grundschule. Mathematik. Magdeburg: 2007

Kultusministerium des Landes Sachsen-Anhalt (Hrsg.): Lehrplan Grundschule. Grundsatzband. Magdeburg: 2007

Kütting, Herbert; Sauer, Martin J.: Elementare Stochastik. Mathematische Grundlagen und didaktische Konzepte. 2. stark erweiterte Auflage, Springer Verlag, Berlin, 2008

Lehner, Suanne; Mehltrenner, Karin: Kinder entdecken Stochastik. Daten, Wahrscheinlichkeit und Kombinatorik, 1.-4. Schuljahr. 1. Auflage, Oldenbourg Verlag, Berlin, 2009

Maras, Rainer/ Ametsbichler, Josef/ Eckert-Kalthoff, Beate: Handbuch für die Unterrichtsgestaltung in der Grundschule. Auer Verlag, Donauwörth, 3. Auflage, 2007

Walther, Gerd; van den Heuvel-Panhuizen, Marja; Granzer, Dietlinde; Köller, Olaf (Hrsg.): Bildungsstandards für die Grundschule: Mathematik konkret. Cornelsen Skriptor, Berlin, 2008

www.kmk.org am 30.03.2010

BEI GRIN MACHT SICH IHR WISSEN BEZAHLT

- Wir veröffentlichen Ihre Hausarbeit, Bachelor- und Masterarbeit

- Ihr eigenes eBook und Buch - weltweit in allen wichtigen Shops

- Verdienen Sie an jedem Verkauf

Jetzt bei www.GRIN.com hochladen und kostenlos publizieren